Yasser Arafat Tackie
Felix Tamatey
Florence Dumeh

EFEITOS DA EXTRACÇÃO ILEGAL DE OURO NO AMBIENTE

Yasser Arafat Tackie
Felix Tamatey
Florence Dumeh

EFEITOS DA EXTRACÇÃO ILEGAL DE OURO NO AMBIENTE

ScienciaScripts

Imprint

Any brand names and product names mentioned in this book are subject to trademark, brand or patent protection and are trademarks or registered trademarks of their respective holders. The use of brand names, product names, common names, trade names, product descriptions etc. even without a particular marking in this work is in no way to be construed to mean that such names may be regarded as unrestricted in respect of trademark and brand protection legislation and could thus be used by anyone.

Cover image: www.ingimage.com

This book is a translation from the original published under ISBN 978-620-7-99697-1.

Publisher:
Sciencia Scripts
is a trademark of
Dodo Books Indian Ocean Ltd. and OmniScriptum S.R.L publishing group

120 High Road, East Finchley, London, N2 9ED, United Kingdom
Str. Armeneasca 28/1, office 1, Chisinau MD-2012, Republic of Moldova, Europe
Printed at: see last page
ISBN: 978-620-8-01875-7

ÍNDICE DE CONTEÚDOS

CAPÍTULO UM

INTRODUÇÃO GERAL

1.1 Contexto do estudo

Desde os tempos pré-históricos até à atualidade, a exploração mineira tem desempenhado um papel importante na existência humana (Madisgan, 1981). O termo mineração é utilizado no seu contexto mais amplo, abrangendo a extração de quaisquer substâncias minerais naturais, sejam elas sólidas, líquidas ou gasosas, da terra para fins utilitários. A extração mineira, na sua forma mais simples, começou com o homem do Paleolítico, há cerca de 450 000 anos, o que é comprovado pelos utensílios de sílex que foram encontrados com os ossos dos primeiros seres humanos da Idade da Pedra Antiga (Lewis e Clark, 2007). A mineração é uma atividade, ocupação e indústria relacionada com a extração de minerais (Gregory, 1980; American Geological Institute, 1964). De acordo com Yelpaala e Ali (2006), o Gana é um país rico em comparação com outros países africanos devido à disponibilidade de recursos naturais como o ouro, a madeira, o diamante, a bauxite, o manganês e o petróleo. Estes recursos contribuíram para a obtenção de divisas pelo país, uma vez que o Gana produz estes recursos em grande escala. No Gana, são realizadas actividades mineiras em grande e pequena escala. A extração mineira em grande escala envolve geralmente uma empresa com muitos empregados. A empresa explora as minas num ou dois locais de grande dimensão e, normalmente, fica até o mineral ser completamente extraído. Por outro lado, a mineração em pequena escala inclui empresas ou indivíduos que empregam trabalhadores para a mineração, mas geralmente trabalhando com ferramentas manuais (Finnegan, 2015)

Um estudo realizado pela Indústria Mineral do Gana mostra que a indústria mineira representa 5% do PIB do país e que os minerais representam 37% do total das exportações, contribuindo o ouro com mais de 90% do total das exportações de minerais, pelo que o principal foco da indústria mineira e de desenvolvimento de minerais do Gana continua a ser o ouro. O Gana é o maior produtor de ouro de África, tendo produzido 80,5 toneladas em 2008. O Gana tem 23 empresas mineiras de grande escala que produzem ouro, diamantes, bauxite e manganês, existem também mais de 300 grupos mineiros de pequena escala registados e 90 empresas de serviços de apoio às minas (Ministério do Território e dos Recursos Naturais, 2003). As empresas mineiras são uma importante

3

fonte de rendimento e de crescimento económico, com um papel importante no apoio ao desenvolvimento socioeconómico sustentável. Durante 2013, as empresas mineiras contribuíram com mais de 171,6 mil milhões de dólares para a economia global através de actividades de produção e despesas em bens e serviços. Isto é mais do que o Produto Interno Bruto combinado do Equador, Gana e Tanzânia, ou perto de metade do Produto Interno Bruto de países como a África do Sul ou a Dinamarca (Stamp, 2015).

O ambiente engloba todos os seres vivos e não vivos que ocorrem naturalmente na Terra. Também engloba a interação de todas as espécies vivas. O ambiente serve de casa imediata para o homem e para os seus arredores imediatos, mas a qualidade do ambiente natural sofreu muitos danos devido às actividades humanas, para as quais a exploração mineira contribuiu imensamente. A exploração mineira tem um impacto negativo no ambiente e no bem-estar das pessoas, especialmente durante as suas operações. A exploração mineira causa um impacto ambiental direto porque a vegetação e as árvores são destruídas, o que se torna destrutivo para o ambiente. (Ricardo e Hersilia, 2004). As actividades mineiras são realizadas num curto espaço de tempo, mas têm consequências duradouras, como a erosão dos solos, a perda de biodiversidade, a contaminação dos solos, a contaminação das águas subterrâneas e superficiais, entre outras. A degradação ambiental é causada quando a exploração mineira é efectuada nas "zonas florestais". Acredita-se também que a exploração mineira afecta aproximadamente 38% da área total de floresta (Ricardo e Hersila, 2004).

Apesar dos inúmeros benefícios derivados da exploração mineira, tais como a criação de emprego, o desenvolvimento de infra-estruturas, a geração de rendimentos, as receitas do governo, a organização da comunidade, etc. (Gisco, 2011), instituições como a comissão mineral, a Agência de Proteção Ambiental, a comissão de terras, líderes de opinião como chefes e anciãos, organizações governamentais e não governamentais estão muito preocupados com os maiores impactos da exploração mineira no ambiente, o que criou uma nova filosofia na indústria mineira que é a sustentabilidade, ou seja, a satisfação das necessidades económicas e ambientais do presente, reforçando simultaneamente a capacidade das gerações futuras para satisfazerem as suas próprias necessidades (National Mining Association, 1998).

1.2 Declaração do problema

O sector mineiro tem servido como fonte de emprego e de aumento das receitas do país devido às suas divisas para a maioria dos países do mundo, especialmente os países onde existem depósitos minerais, como a África do Sul, o Gana e outros (Appiah, 2008). No Gana, o sector mineiro desempenha um papel vital no desenvolvimento da economia. O sector mineiro contribui com 41% das divisas estrangeiras do país e é o principal gerador de divisas (Nketia, 2005). A região do Alto Oeste é a região mais jovem a ser criada no Gana, em 1983. Segundo o Serviço de Estatística do Gana, em 2010, a população total da região era de 702 110 habitantes, dos quais 341182 eram homens e 360928 eram mulheres, representando 48,6% de homens e 51,4% de mulheres.

A principal atividade económica da região é a agricultura. As culturas cultivadas incluem o milho, o painço, a noz de ervilha, o okro, o carité e o arroz. Criam-se ovelhas, cabras, galinhas, porcos e galinhas d'angola para a produção de carne e ovos. Como a estação seca da região é longa, estendendo-se aproximadamente de outubro a maio, muitas pessoas deixam a região para trabalhar na parte sul do Gana durante pelo menos uma parte do ano. De acordo com o Serviço de Estatística do Gana de 2010, o distrito de Nadowli-Kaleo tem uma população total de 61 561 habitantes, dos quais 28 753 são homens e 32 808 são mulheres. A agricultura é o sector mais económico do distrito, representando cerca de 85% da força de trabalho. O sector comercial e industrial do distrito está menos desenvolvido.

Desde há alguns anos, o distrito de Nadowli-Kaleo e as comunidades circundantes têm-se destacado como um dos distritos da região do Alto Oeste onde se desenvolvem actividades mineiras, o que tem proporcionado emprego a muitos jovens da comunidade e das áreas circundantes. Mas, pelo contrário, a extração mineira descontrolada tem provocado efeitos adversos no ambiente (Hilson, 2002), sendo que estas áreas do distrito são vítimas destas implicações negativas. Desde o advento do trabalho de reconhecimento, prospeção e exploração das actividades mineiras no distrito, tem-se assistido à maior incidência de mineração ilegal, que está a destruir muito rapidamente a terra, a água, a agricultura, os locais naturais sagrados e o estilo de vida de rapazes e raparigas em comunidades como Tangasia, Danyorkura, Saan, Gabili e muitas outras, o que levou ao aumento da taxa de criminalidade e também à diminuição da coesão social (Osam, 2014). Algumas mulheres que falaram com a Agência de Notícias do Gana queixaram-se de que lhes foram retiradas as terras agrícolas dos maridos e as zonas onde costumavam ir apanhar amendoins e ir buscar lenha (GNA, 12 de agosto[th], 2012). A área tradicional de Cherekpong, que é uma comunidade de mineração de ouro no distrito, é notável por inúmeros problemas ambientais, como a erosão do solo, o esgotamento do solo e da cobertura vegetal, a poluição sonora e do ar, a perda de diversidade biológica, a degradação da terra e a insegurança alimentar. Apesar dos desafios acima referidos, a extração ilegal de minério na comunidade constitui o principal emprego para os jovens da comunidade, a geração de rendimentos e o aumento da população, mas parece não existir um modelo sistemático sobre a forma de abordar a extração ilegal de minério, especialmente no que diz respeito aos efeitos negativos.

1.3 Questões de investigação

1.3.1 Questão principal

Como é que a exploração mineira afectou o ambiente na zona tradicional de Cherekpong?

1.3.2 Perguntas específicas

i. Qual é a natureza das actividades mineiras na comunidade?

ii.Quais são as implicações dos efeitos da exploração mineira no ambiente?

iii.Como é que as pessoas afectadas pela exploração mineira estão a lidar com os efeitos?

1.4 Objectivos da investigação

1.4.1 Objetivo principal

O principal objetivo do estudo é avaliar a forma como a exploração mineira afectou o ambiente.

1.4.2 Objectivos específicos

i. Examinar a natureza das actividades mineiras na comunidade.

ii. Avaliar as implicações dos efeitos da exploração mineira no ambiente.

iii. Avaliar a forma como as pessoas afectadas pela exploração mineira estão a lidar com os efeitos.

1.5 Importância do estudo

O estudo será de grande importância para avaliar os efeitos reais da exploração mineira em comunidades selecionadas na zona tradicional de Cherepkong. Além disso, o estudo também permitirá que os organismos reguladores, como a Comissão de Terras, a Agência de Proteção do Ambiente e outras agências relacionadas com questões ambientais, revejam as suas políticas e procedimentos para garantir a sustentabilidade ambiental para as gerações presentes e futuras.

Além disso, o estudo servirá como um mecanismo para resolver problemas que possam surgir do funcionamento das actividades mineiras em relação aos impactos económicos e ambientais nas comunidades selecionadas. Por último, mas não menos importante, o estudo fornecerá um guia para o planeamento comunitário e servirá também de referência para investigações subsequentes sobre o mesmo tópico ou área relacionada.

1.6 Âmbito de aplicação

O estudo foi realizado na Área Tradicional de Cherekpong, onde duas comunidades selecionadas, Tangasia e Gabili, todas no Distrito de Nadowli-Kaleo da Região do Alto Oeste, foram utilizadas para o estudo. O estudo centrou-se nos efeitos da exploração mineira no ambiente nas duas comunidades selecionadas.

1.7 Metodologia

1.7.1 Fontes de dados

O estudo utilizou dados de fontes primárias e secundárias. A técnica de recolha de dados primários foi utilizada para obter informações em primeira mão da área de estudo através de entrevistas, observação e discussão em grupo. Uma vez que não seria possível obter toda a informação necessária no terreno, o estudo também recorreu a dados de fontes secundárias através de documentos escritos já existentes (livros, Internet, revistas e relatórios) sobre o problema em estudo.

1.7.2 Amostragem

O estudo baseou-se em técnicas de amostragem não probabilísticas. Devido à limitação de tempo e de recursos, o grupo utilizou as técnicas de amostragem intencional e acidental para obter uma amostra de sessenta (60) inquiridos na comunidade em estudo. Foi utilizada a técnica de amostragem intencional, em que foram entrevistados inquiridos com conhecimentos profundos sobre o estudo, tais como chefes e outros líderes de opinião da comunidade. A amostragem acidental também foi utilizada pelo grupo para selecionar mineiros e não mineiros das comunidades selecionadas, ou seja, Tangasia e Gabili, a fim de recolher informações relevantes sobre o estudo. Estas duas comunidades (Tangasia e Gabili) foram selecionadas porque a acessibilidade a estas comunidades não é difícil em comparação com as outras comunidades da Zona Tradicional de Cherekpong e também porque estas duas comunidades são as principais zonas onde a atividade mineira é muito dominante na Zona Tradicional de Cherekpong.

1.7.3 Métodos de recolha de dados

A fim de aceder aos dados relevantes para o estudo, o estudo baseou-se na recolha de dados quantitativos e qualitativos. O grupo utilizou métodos de recolha de dados como a entrevista, a observação e a discussão em grupo.

Entrevista: Com este método, o grupo interagiu com indivíduos das duas comunidades selecionadas com conhecimentos profundos sobre o nosso estudo, a fim de nos fornecerem informações. Estas pessoas eram mineiros e não mineiros da comunidade.

Observação: O estudo recorreu à observação para recolher informações em primeira mão no sítio mineiro.

Discussões de Grupos Focais: O grupo utilizou discussões de grupos focais para recolher informações de Chefes, Anciãos e Líderes de Opinião sobre como a atividade mineira na área afectou o seu ambiente.

1.7.4 Técnicas de análise de dados

Os dados recolhidos através de entrevistas e da administração de questionários foram analisados e interpretados qualitativa e quantitativamente. A análise qualitativa envolveu a descrição de situações, problemas e eventos utilizando temas relevantes para o estudo. Os dados quantitativos recolhidos foram tratados manualmente e apresentados sob a forma de tabelas e gráficos.

CAPÍTULO DOIS

ÁREA DE ESTUDO

2.1 INTRODUÇÃO

Este capítulo apresenta uma visão geral da área de estudo e das comunidades em questão. As áreas consideradas incluem: a localização e dimensão da área de estudo, geologia e solo, relevo e drenagem, clima e vegetação, caraterísticas da população, estruturas administrativas, infra-estruturas sociais e condições do ambiente físico na área de estudo.

2.2 Caraterísticas físicas

2.2.1 Localização e dimensão

A área tradicional de Cherekpong, que é a área de estudo, está localizada no distrito de Nadowli-Kaleo, na região do Alto Oeste do Gana. O distrito de Nadowli-Kaleo é um dos nove distritos que constituem a região do Alto Oeste. O distrito de Nadowli-Kaleo situa-se entre as latitudes 11°30' e 10°20' Norte e as longitudes 3°10'e 2°10' Oeste. O Distrito tem uma área territorial de 1.132,02 km que se estende desde a Ponte Billi (a 4 km de Wa) até à Ponte Dapuori (a quase 12 km de Jirapa) na estrada principal Wa-Jirapa. O distrito faz fronteira a norte com o distrito de Jirapa, a sul com o município de Wa, a oeste com o Burkina Faso e a leste com o distrito de Sisala Oeste. A capital do distrito de Nadowli-Kaleo fica a 41,0 km de Wa, a capital regional. A localização do distrito promove o comércio internacional entre o distrito e o vizinho Burkina Faso. A Figura 2.1 abaixo mostra a Área Tradicional de Cherekpong num contexto distrital.

Figura 2.1: Área Tradicional de Cherekpong num contexto distrital

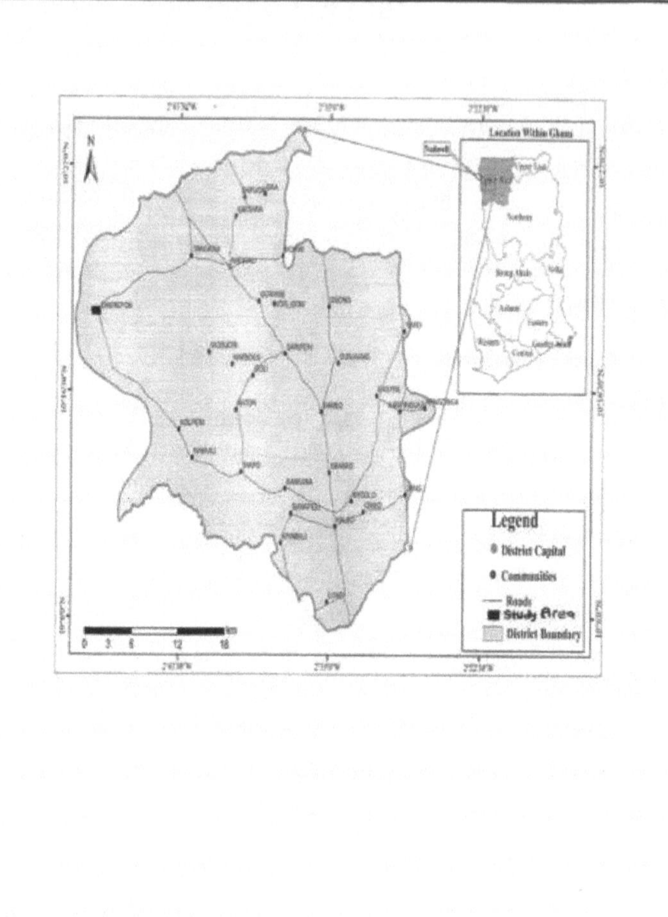

Fonte: Serviço de Estatística do Gana

2.2.2 Geologia e solos

Existem três tipos principais de rochas no distrito. Estas são o Birimiano e o Granito a oeste e algumas partes do leste e o complexo basal a leste. Estas rochas contêm uma quantidade considerável de água, o que constitui um bom potencial para a perfuração de furos e a abertura de poços. Estudos actuais revelaram grandes depósitos minerais, o que constitui um potencial para actividades mineiras. Os tipos de solo que dominam no distrito são os lateríticos, arenosos e franco-arenosos (ochrosols de savana). São geralmente pobres em matéria orgânica e nutrientes como resultado da ausência de uma cobertura vegetal séria devido a queimadas, sobrepastoreio, cultivo excessivo e erosão do solo. Solos relativamente férteis, franco-arenosos, ocorrem no leste do distrito em torno de Kojokpere, Issa e Tabiesi. Estes solos suportam o crescimento de culturas como o inhame, os cereais, as leguminosas e o arroz. Os solos a oeste são geralmente pobres e suportam uma atividade agrícola limitada.

2.2.3 Alívio e drenagem

O relevo do distrito é baixo e ondulado em altitudes que variam entre 150m-300m acima do nível do mar. Existem poucos rios e riachos com secas sazonais que impedem a agricultura na estação seca, resultando em baixos níveis de produção agrícola e insegurança alimentar. Existe um curso de água principal, o Bakpong, e cursos de água efémeros, que correm para o Black Volta.

2.2.4 Vegetação e clima

O distrito situa-se na floresta tropical continental ou savana da Guiné, caracterizada por arbustos e pastagens com árvores de tamanho médio dispersas. Algumas árvores económicas que se encontram no distrito são a sumaúma, o carité, o baobá, a manga e a dawadawa, que são tolerantes tanto ao fogo como à seca. O distrito tem uma temperatura média anual de 32°C e uma temperatura média mensal que varia de 36°C em março a 27°C em agosto. O distrito situa-se na zona tropical continental e a precipitação anual está confinada a seis (6) meses, de maio a setembro, e distribuída de forma desigual. A precipitação média anual é de cerca de 110 mm, com o seu pico por volta de agosto.

2.3 Caraterísticas da população

De acordo com o Censo da População e Habitação de 2010, o Distrito tem uma população total de (61.561). De acordo com o padrão internacional para a definição de um assentamento urbano, para o Censo da População e Habitação de 2010, que define uma comunidade urbana como qualquer comunidade com uma população de 5.000 ou mais, nenhuma das comunidades no Distrito de Nadowli-Kaleo atingiu o estatuto de urbana. A população total é composta por (28.753) homens e (32.808) mulheres, representando 46,71% e 53,29%, respetivamente. Da população total, as pessoas com idades compreendidas entre os 10 e os 14 anos, com uma população de (8.592), constituem a proporção mais elevada (14,0%) da população total do que qualquer outro grupo etário. Isto significa que houve mais crianças nascidas nos últimos 10-14 anos do que o número de crianças nascidas nos últimos 0-9 anos. O número de pessoas com idades compreendidas entre os 95 e os 99 anos é o menor, constituindo apenas (0,1%) da população total.

2.4 Estrutura administrativa

As responsabilidades administrativas do distrito são da responsabilidade da Assembleia Distrital. A Assembleia Distrital é composta pela Assembleia Geral, o mais alto órgão de tomada de decisões, pelos departamentos da Assembleia, pelos Conselhos de Área e pelos comités de Unidade. Existem sete (7) Conselhos de Área no distrito. A Assembleia Distrital é composta pela Assembleia Geral e pelos departamentos descentralizados da Assembleia. A Assembleia Geral é composta pelo Chefe do Executivo Distrital, o Membro do Parlamento (MP) e os membros da Assembleia. Existem 51 membros da Assembleia, dos quais 36 foram eleitos nas várias zonas eleitorais do distrito por sufrágio universal adulto e os restantes 15 foram nomeados pelo governo em consulta com os líderes tradicionais e grupos de interesse no distrito. A Assembleia tem um Membro Presidente, eleito por 2/3 dos seus membros, em conformidade com a Lei da Administração Local. O Chefe do Executivo Distrital é um nomeado pelo Governo, aprovado por dois terços dos membros da Assembleia presentes e votantes. Tradicionalmente, existem quatro paramount no distrito. Trata-se das áreas tradicionais de Nadowli, Kaleo, Takpo e Cherekpong.

2.5 Infra-estruturas sociais

2.5.1 Infra-estruturas de saúde

A equipa distrital de mobilização para a saúde (DHMT), em colaboração com as equipas subdistritais de mobilização para a saúde (SDHMT), implementa e gere as políticas nacionais e regionais de saúde no distrito. Para garantir a participação e a utilização máxima dos recursos, a administração distrital de saúde colabora com as partes interessadas relevantes, incluindo a Assembleia Distrital e as Organizações Não-

Governamentais, na prestação de serviços. Existem dois hospitais, um governamental (Hospital Distrital) e um privado (Hospital Ahmadiyya Moslem), localizados no distrito de Nadowli-Kaleo. O sector da saúde distrital pode ser classificado em dois (2) sectores, público e privado. O serviço de saúde do Gana gere o sector público, prestando cuidados curativos e preventivos no hospital distrital, nos centros de saúde e nos postos de proximidade. Foram também formados voluntários para a vigilância comunitária de doenças para ajudar nas actividades de vigilância. Os pontos de venda de medicamentos constituem uma grande parte do sector privado, incluindo os vendedores de produtos químicos e um número ilimitado de vendedores ambulantes de medicamentos que, na sua maioria, são semi-alfabetizados mas muito bons vendedores. Estes vendedores ambulantes podem ser classificados em três categorias: os vendedores ambulantes de medicamentos à base de plantas, os vendedores ambulantes de biomedicina que se deslocam de comunidade em comunidade e os neo-ervanários que vendem tanto medicamentos à base de plantas como medicamentos modernos. Um grupo muito importante de profissionais no sistema de cuidados de saúde são as parteiras tradicionais que, desde 1978, fazem parte dos serviços de cuidados.

2.5.2 Infra-estruturas educativas

Verificou-se uma melhoria geral no sector da educação entre os períodos de 2006 e 2009. Esta melhoria pode ser vista no desenvolvimento de infra-estruturas físicas ao nível pré-escolar (creche), bem como nas matrículas ao nível do ensino primário. Atualmente, mais de 65% da população do distrito tem acesso ao ensino primário a uma distância de 4-5 km. Esta conquista deve-se aos esforços de colaboração do Serviço de Educação do Gana e de ONGs como a Catholic Relief Services que operam no sector da educação. O distrito tem um total de 187 instituições de ensino, incluindo sessenta e duas (62) creches, setenta e oito (78) escolas primárias, quarenta (40) escolas secundárias, cinco (5) escolas técnicas/profissionais e três (3) escolas secundárias. Várias ONGs desempenharam e continuam a desempenhar vários papéis no desenvolvimento da infraestrutura educacional no Distrito. No entanto, há ainda muito a fazer tendo em conta a procura crescente de ensino básico.

2.5.3 Infra-estruturas de comunicação

O sector das comunicações está pouco desenvolvido, não existindo serviços de TIC. Atualmente, apenas três comunidades (Nadowli, Kaleo e Bussie) das 158 são servidas pelo sistema telefónico nacional. Para além dos telefones institucionais em alguns escritórios, a maioria das cabines telefónicas públicas está avariada e é incapaz de prestar os serviços necessários. No entanto, os serviços de telemóvel são operados de forma privada por indivíduos em algumas comunidades do distrito. Estes serviços são fiáveis e podem ser acedidos por pessoas com rendimentos médios.

2.5.4 Água

O Distrito de Nadowli-Kaleo é atualmente servido por pequenas cidades e sistemas de água rurais, que são detidos e geridos pelas comunidades através das suas comissões de água. As instalações incluem o sistema de tubagem, furos e poços escavados à mão. Enquanto a maioria das instalações são de propriedade pública, outras são privadas. Atualmente, a maior parte dos poços escavados à mão são de baixo rendimento e não são capazes de fornecer água durante todo o ano, tendo secado desde então. Por esta razão, o Distrito está agora a depender fortemente do sistema de condutas e dos furos como fontes fiáveis de abastecimento de água às comunidades. Para além da Assembleia Distrital, a CWSA está a ajudar a Assembleia a fornecer estas instalações às comunidades rurais e às pequenas cidades.

2.5.5 Saneamento

As instalações sanitárias existentes no distrito são escassas e incluem latrinas de fossa doméstica, latrinas de fossa melhorada ventilada de Kumasi (KVIP) e sanitários, que só podem ser encontrados em instituições e casas particulares. Este facto fez com que a maioria dos habitantes do distrito recorresse à defecação a céu aberto. Mais uma vez, não houve qualquer intervenção importante por parte do governo, pelo que as contribuições significativas feitas pelas ONG e pela CWSA não corresponderam à enorme procura, apesar do facto de as instituições envolvidas no fornecimento de instalações de saneamento no distrito não assegurarem práticas de saneamento adequadas.

2.6 Condições do meio físico

Os sistemas de crenças tradicionais e as actividades humanas no distrito tendem a considerar a terra como um reservatório de recursos ilimitados. As actividades humanas, particularmente a queima anual rotineira de arbustos, o abate discriminado de árvores para lenha, carvão e outros fins e as más práticas pecuárias levaram à diminuição da cobertura vegetal e da fertilidade do solo. Práticas agrícolas inadequadas, como a agricultura itinerante, a construção de estradas e a extração de areia e gravilha, aumentam a degradação dos solos. A agricultura ao longo e nos cursos de água também resultou no assoreamento de massas de água como barragens e lagoas e na destruição da vegetação que protege as massas de água. Há uma consciência crescente da necessidade de manter e sustentar o ambiente. Uma manifestação deste facto é a existência de grupos de mulheres na agro-silvicultura. Os indivíduos também adoptaram o hábito de plantar árvores à volta dos seus edifícios. O desenvolvimento de plantações de árvores económicas, como o caju e a manga, também ganhou popularidade ao longo dos anos.

CAPÍTULO TRÊS
REVISÃO DA LITERATURA

2.1 Introdução

Esta secção do estudo analisa a literatura relacionada com a compreensão concetual dos efeitos da exploração mineira no ambiente. A revisão centra-se em estudos anteriores sobre a atividade mineira. A literatura relativa ao estudo está agrupada nos seguintes temas: o conceito de extração mineira, os efeitos da extração mineira no ambiente, as implicações dos efeitos da extração mineira, as estratégias de resposta e a regulamentação ambiental da extração mineira.

2.2 O conceito de exploração mineira

A extração mineira, na sua forma mais simples, começou com o homem do Paleolítico, há cerca de 450.000 anos, o que é comprovado pelos utensílios de sílex que foram encontrados com os ossos dos primeiros seres humanos da Idade da Pedra Antiga (Lewis e Clark, 2007). A exploração mineira foi definida como a extração de material do solo com o objetivo de recuperar uma ou mais partes componentes da mina (Lottermose, 2007). A mineração é uma atividade, ocupação e indústria relacionada com a extração de minerais (Gregory, 1980). De acordo com Boateng (1998), a exploração mineira é um processo ou método de extração de minério do solo ou de um poço. De acordo com o Oxford English Dictionary (2007), a mineração é definida como a obtenção de algo de uma mina ou a escavação de carvão ou outros minerais. A mineração é classificada em mineração em pequena escala e mineração em grande escala. A mineração em pequena escala inclui empresas ou indivíduos que empregam trabalhadores para a mineração, mas geralmente trabalham com ferramentas manuais. Por outro lado, a mineração em grande escala envolve uma empresa com muitos funcionários. A empresa explora as minas num ou em dois locais de grandes dimensões e, normalmente, fica até o mineral ser completamente extraído (Finnegan, 2015).

Um relatório sobre o sector mineiro do Gana para a 18[ath] sessão da Comissão das Nações Unidas para o Desenvolvimento Sustentável indicava que a Lei Mineral e Mineira de 1986, PNDCL 153, era a legislação mineira de base no Gana. Embora tenha sido considerada pioneira em termos de legislação mineira na África Subsariana, as mudanças no panorama mineiro internacional exigem a sua revisão. Após uma revisão prolongada desde o início de 2005, a atual Lei dos Minerais e das Minas, Lei 703 de 2006, tornou-se a legislação que rege o sector mineiro do Gana. A principal instituição reguladora do sector mineiro inclui a Comissão de Minerais, a Comissão de Terras, a Agência de Proteção Ambiental (EPA), a Comissão Florestal e a Divisão de Inspeção (UNCSD, 2010).

Muitos países, como o Gana e a África do Sul, consideram a sua riqueza mineral um bem que pode ser utilizado para aumentar o seu potencial de crescimento económico e também para conduzir as suas economias a níveis mais elevados de desenvolvimento. Em países como a Mongólia, diz-se que o sector mineiro representa cerca de 17% do Produto Interno Bruto (PIB), 65% do valor acrescentado industrial e 58% das exportações, tornando-se assim o maior contribuinte para a economia nacional da Mongólia (Banco Mundial, 2006). A exploração mineira desempenhou um papel significativo no processo de desenvolvimento de um país como o Gana, que está classificado em segundo lugar, depois da África do Sul, em termos de produção de ouro no continente africano (Akabzaa e Darimani, 2001). De acordo com Mate (2002), as riquezas minerais sob a forma de ouro, bauxite, diamante e manganês abundam em grandes quantidades e têm sido um importante fator de geração de divisas para a economia do Gana. Akabzaa e Darimani (2001) indicaram que, só em 1999, o sector mineiro contribuiu com mais de 3 mil milhões de dólares de investimento direto estrangeiro e representou 30% do Produto Interno Bruto. O sector mineiro também contribuiu muito para a criação de empregos nas comunidades mineiras, para o desenvolvimento de infra-estruturas, para a organização da comunidade e outros (Gisco, 2011). Isto mostra a contribuição significativa que o sector mineiro tem desempenhado na vida da maioria dos países, especialmente nos países em desenvolvimento que são abençoados com recursos preciosos.

2.3 Efeitos da exploração mineira no ambiente

A exploração mineira é uma atividade que precisa de ser devidamente planeada com todos os impactos prováveis, prováveis e possíveis antecipados, identificados, avaliados e medidas de mitigação planeadas, porque é uma atividade de curto prazo com efeitos a longo prazo (Abdus, 2008). A questão é que a exploração mineira envolve muitas fases que normalmente começam na fase de prospeção de depósitos, na fase de desenvolvimento e preparação da mina, na fase de exploração da mina e no tratamento do próprio mineral, sendo que cada uma destas fases envolve impactos ambientais específicos (Gualnam, 2008). É também de referir que a preparação das vias de acesso, a cartografia topográfica e geológica, os trabalhos geofísicos, a investigação hidrogeológica, a desflorestação dos terrenos e a eliminação da vegetação afectam os habitats de centenas de espécies endémicas, a consequente erosão e assoreamento dos terrenos, a redução do lençol freático, a contaminação do ar, da água e da terra por produtos químicos como cianetos, ácidos concentrados e compostos alcalinos e a poluição atmosférica causada por poeiras, gases e vapores tóxicos podem ter efeitos diversos no ambiente, na saúde e na vida social das comunidades locais (Abdus, 2008). Por conseguinte, não é errado assumir que os efeitos da exploração mineira estão relacionados com a própria exploração mineira, que frequentemente envolve ou produz substâncias perigosas e causa destruição no ambiente natural de uma forma ou de outra. Os efeitos ambientais da exploração mineira estão bem documentados e a literatura está repleta de efeitos ambientais sob a forma de gestão de resíduos, impactos na biodiversidade e no habitat, desflorestação de terras com a consequente eliminação da vegetação, poluição da água, do ar, da terra e até poluição sonora. No Gana e em muitas outras zonas tropicais de extração mineira, verifica-se que a exploração mineira é uma das principais causas de desflorestação e degradação dos solos, gerando um grande número de impactos ambientais (World Rainforest Movement, 2004). A exploração mineira à superfície representa, por si só, uma séria ameaça para os últimos vestígios dos recursos florestais do Gana e ameaça a rica biodiversidade da floresta tropical do país, o que suscitou preocupações quanto à questão da gestão sustentável das florestas e das actividades mineiras (World Rainforest Movement, 2004). Para além da ameaça que a exploração mineira representa para a biodiversidade, a remoção do coberto florestal está a secar rapidamente rios e ribeiros, resultando na extinção de espécies animais e vegetais ribeirinhas associadas à floresta tropical. Inclusive, muitas comunidades queixam-se de que já não existem caracóis, cogumelos, plantas medicinais, etc. nas zonas de exploração mineira devido, em parte, às actividades mineiras (World Rainforest Movement, 2004). Verificou-se que, devido aos impactos ambientais negativos das actividades mineiras da AngloGold Mining Company em Obuasi, a saúde da maior parte das pessoas dessa comunidade é muito precária, com uma elevada prevalência de infecções do trato respiratório superior (ITRS) na zona, que os peritos médicos atribuem às actividades mineiras e à poluição associada, o envenenamento por arsénico (Awudi, 2002). Na Mongólia, afirma-se que a deterioração da qualidade da água resultante da poluição da água, da poluição por mercúrio, das pilhas de resíduos de rocha e dos depósitos de rejeitos, bem como da poluição atmosférica, tem sido uma das principais caraterísticas dos impactos induzidos pela atividade mineira nas comunidades onde são realizadas operações mineiras (Banco Mundial, 2006). Mais uma vez, a maioria das comunidades mineiras do Gana tem sido afetada por problemas ambientais graves, em grande parte provocados pelo boom mineiro, que exige a limpeza maciça da vegetação e a escavação de terrenos, a eliminação de resíduos, a transformação de minerais e a utilização indevida de produtos químicos mineiros, o que leva à diminuição da água potável para os seres humanos, à diminuição da qualidade do ar, à perda de biodiversidade ecológica, à diminuição da cobertura florestal e à diminuição do espaço para a eliminação de resíduos humanos (Awudi, 2002). Embora a exploração das riquezas e dos recursos minerais se tenha tornado um empreendimento necessário para a maioria dos países no apoio às suas agendas de desenvolvimento nacional, é também um facto que a exploração destes recursos é frequentemente uma atividade destrutiva que danifica o ecossistema e causa problemas às pessoas que vivem nas proximidades das operações mineiras (Rhett, 2006). O dióxido de carbono e o metano libertados pela queima de combustíveis fósseis destas minas produzem gases com efeito de estufa que podem levar a alterações climáticas. Irritante é o som ensurdecedor da maquinaria e as explosões nas minas criam condições que se podem tornar insuportáveis para a população local e para a vida selvagem da floresta (Gualnam, 2008).No entanto, o que é mais preocupante é que os danos ambientais infligidos pelo processo de extração também não são uniformes, dependendo a sua gravidade, em grande medida, de factores variáveis como as vias de transporte, o tipo de mina, as caraterísticas do corpo de minério, entre outros (Gibson e Klinck, 2005), sendo que as comunidades muito próximas das minas são susceptíveis de suportar o maior peso dos efeitos ambientais, embora outras comunidades menos próximas também possam ser afectadas negativamente pelos efeitos ambientais das operações mineiras. Em suma, as actividades mineiras deixam pegadas negativas nas comunidades mineiras, especialmente no ambiente, que vão desde a degradação da terra, a erosão do solo, a insegurança alimentar, a poluição do ar e da água, o ruído, entre outros, até ao ponto de afetar aproximadamente 38% da área florestal total. Isto mostra que as actividades mineiras são realizadas num curto espaço de tempo, mas têm efeitos duradouros no ambiente (Ricardo e Hersila, 2012).

2.4 Implicações dos efeitos da exploração mineira

Os estudos existentes revelam que os efeitos ambientais, sobretudo os resultantes da extração mineira a céu aberto, como a degradação dos solos e a poluição atmosférica, desgastam frequentemente as comunidades rurais, deslocam as pessoas e obrigam-nas a desenvolver fontes de vida alternativas (Kumah, 2006). De acordo com Hayes (2008), a destruição da vegetação e das terras agrícolas pelos mineiros afecta a agricultura e a segurança alimentar. A poluição resultante da exploração mineira afecta tanto o gado como as actividades aquáticas. O mesmo autor argumenta que a exploração mineira tende a fazer com que as pessoas deixem de ter uma vida mais sustentável, como a agricultura, e passem a ter uma vida mais sustentável, o que pode levar à destruição de terras férteis para obtenção de recursos. Neste contexto, a população rural tende a destruir ainda mais o ambiente (Banchirigah e Hilson, 2010) e, a longo prazo, expõe as comunidades rurais a riscos insustentáveis (Adjei, 2007). As comunidades dominantes na zona tradicional de Cherekpong, no distrito de Nawdoli-Kaleo, dedicam-se a actividades agrícolas como a agricultura e a criação de gado, a apanha de amendoim, a extração de lenha e a caça. Um relatório recente da Agência noticiosa do Gana, de 12 de agosto de 2012, revelou que actividades como a agricultura e a apanha do amendoim foram afectadas devido à deslocação de agricultores e à destruição de árvores de amendoim.

2.5 Estratégias de sobrevivência

A atividade mineira continua a colocar problemas ambientais complexos às populações das comunidades mineiras. Um dos impactos mais subtis da atividade mineira no ambiente é a sua implicação no ambiente (Obiri, 2010). No entanto, a maior parte dos estudos sobre a atividade mineira e o ambiente não se debruça sobre as suas implicações nas comunidades rurais e sobre a forma como as comunidades afectadas lidam com os efeitos. Entre algumas das estratégias de adaptação em relação aos efeitos da exploração mineira nas comunidades incluem-se: recuperação de terras, reinstalação de terras agrícolas, recurso à exploração mineira em pequena escala e controlo do movimento de animais, conservação.

A recuperação de terras é o ganho de terras do mar e das zonas húmidas costeiras para fins agrícolas ou industriais. Alguns impactos das actividades de recuperação de terras são comparáveis aos impactos da eliminação de materiais de dragagem (OSPAR, 2008). A recuperação de terras é uma estratégia para fazer face às actividades mineiras, embora seja dispendiosa, especialmente quando é necessário aplicar agro-químicos e estrume local no solo. O reassentamento de terras agrícolas é uma das estratégias dominantes de adaptação à atividade mineira. As terras agrícolas que são invadidas e destruídas pelas actividades dos mineiros são abandonadas, obrigando os agricultores a deslocarem-se para mais longe, por vezes para zonas marginais. A reinstalação de terras agrícolas é a estratégia de adaptação mais antiga em muitas comunidades mineiras. A estratégia é simples e de adaptação barata em relação a outras estratégias. Além disso, o recurso à exploração mineira e ao controlo dos movimentos do gado é outra estratégia de adaptação utilizada nas comunidades mineiras. Esta estratégia é mais difícil e dispendiosa durante a estação seca em comparação com a estação das chuvas (Maxwell 2015). A conservação dos recursos minerais é atualmente uma questão importante para o público em geral. A sociedade está a tornar-se mais consciente da necessidade de conservar o ambiente. A indústria mineira aprovou uma estratégia que favorece a extração de minerais de uma forma mais sustentável (National Mining Association, 1998). Esta estratégia favorece a extração mineira desde que os efeitos sobre o ambiente não constituam um fardo para as gerações futuras.

CAPÍTULO QUATRO

ANÁLISE E APRESENTAÇÃO DE DADOS

4.1 Introdução

Este capítulo trata da análise, interpretação e apresentação dos dados obtidos no terreno. O capítulo está dividido em quatro áreas temáticas principais: informação sobre os antecedentes dos inquiridos, natureza das actividades mineiras na comunidade, efeitos da exploração mineira no ambiente e estratégias de sobrevivência. As três últimas áreas temáticas constituem os objectivos específicos da investigação.

4.2 Caraterísticas sócio-demográficas dos inquiridos

4.2.1 Distribuição por idade e sexo

Foi entrevistado um total de 60 inquiridos. Desse número, 23 inquiridos, constituindo 38,3%, tinham idades compreendidas entre os 15 e os 25 anos, 13 inquiridos, constituindo 21,7%, tinham idades compreendidas entre os 26 e os 35 anos, 10 inquiridos, constituindo 16,7%, tinham idades compreendidas entre os 36 e os 45 anos, 6 inquiridos, constituindo 10%, tinham idades compreendidas entre os 46 e os 55 anos, 5 inquiridos, constituindo 8,3%, tinham idades compreendidas entre os 56 e os 65 anos e 3 inquiridos, constituindo 5%, tinham idades superiores a 65 anos. A distribuição etária dos inquiridos é apresentada no Quadro 4.1 abaixo.

Tabela 4.1: Distribuição etária dos inquiridos

Faixa etária	Número de inquiridos	Percentagem (%)
15 - 25	23	38.3
26 - 13	13	21.7
36 - 45	10	16.7
46 - 55	6	10.0

56 - 65 5 8.3

Acima de 65 3 5.0

| Total 60 100 |

Fonte: Inquérito de campo do Grupo, 2017

Foi entrevistado um total de 60 inquiridos. Dos 60 inquiridos, 30 eram mineiros e 30 eram não mineiros. A distribuição etária dos 30 mineiros mostrou que 8 homens e 7 mulheres tinham idades compreendidas entre os 15 e os 25 anos, 6 homens e 1 mulher tinham idades compreendidas entre os 26 e os 35 anos, 2 homens e 1 mulher tinham idades compreendidas entre os 36 e os 45 anos, 4 homens tinham idades compreendidas entre os 46 e os 55 anos e 1 homem tinha idades compreendidas entre os 56 e os 65 anos. Dos 30 não mineiros, a distribuição etária mostrou que 5 homens e 5 mulheres tinham idades compreendidas entre os 15 e os 25 anos, 4 homens e 4 mulheres tinham idades compreendidas entre os 26 e os 35 anos, 1 homem e 5 mulheres tinham idades compreendidas entre os 36 e os 45 anos, 2 mulheres tinham idades compreendidas entre os 46 e os 55 anos, 2 homens e 1 mulher tinham idades compreendidas entre os 56 e os 65 anos e 1 homem tinha mais de 65 anos. O quadro 4.2 mostra a distribuição etária dos mineiros e dos não mineiros.

Quadro 4.2: Distribuição por idade e sexo de mineiros e não mineiros

Mineiros					Não mineiros			
Faixa etária	Masculino	Feminino	Total	Percentagem (%)	Masculino	Feminino	Total	Percentagem (%)
15-25	8	7	15	50.0	5	5	10	33.3
26-35	6	1	7	23.3	4	4	8	26.6
36-45	2	1	3	10.1	1	5	6	20.0
46-55	4	0	4	13.3	0	2	2	6.7
56-65	1	0	1	3.3	2	1	3	10.1
Acima de 65	0	0	0	0	1	0	1	3.3

Total	21	9	30	100	13	17	30	100

4.2.2 Composição religiosa

Os resultados revelaram que a comunidade é predominantemente cristã, constituindo 50 do total de inquiridos, o que representa 83,3%. No entanto, alguns inquiridos pertencem ao Islão, constituindo 7 do total de inquiridos, representando 11,7%, e 3 inquiridos, representando 5%, pertencem à religião tradicional africana. A Tabela 4.3 abaixo mostra a composição religiosa dos inquiridos.

Tabela 4.3: Composição religiosa dos inquiridos

Grupo religioso	Número de inquiridos	Percentagem (%)
Cristianismo	50	83,3
Islão	7	11,7
A.T.R	3	5.0
Total	60	100

Fonte: Inquérito de campo do Grupo, 2017

4.2.3 Distribuição profissional

O estudo revelou que a principal ocupação da comunidade é a agricultura. Existem outras actividades económicas como a exploração mineira, o comércio, a carpintaria, a alvenaria e a produção de carvão vegetal. Dos 60 inquiridos, 33,3% dedicam-se à agricultura, 28,3% à exploração mineira, 18,3% ao comércio, 6,8% à alvenaria, 3,3% à carpintaria, 3,3% são funcionários públicos, 1,7% à alfaiataria, 1,7% à carvoaria e 3,3% estão desempregados. A distribuição profissional dos inquiridos está representada na Tabela 4.4 abaixo.

Tabela 4.4: Distribuição profissional dos inquiridos

Profissão	Número de inquiridos	Percentagem (%)
Agricultura	20	33,3
Exploração mineira	17	28,3
Negociação	11	18.3
Carpintaria	2	3.3
Alvenaria	4	6,8
Funcionário público	2	3.3
Alfaiataria	1	1.7
Queima de carvão vegetal	1	1.7
Desempregados	2	3,3
Total	60	100

Fonte: Inquérito de campo do Grupo, 2017

4.2.4 Formação académica

O estudo revelou que a maioria dos residentes na comunidade tem educação formal. Dos 60 inquiridos, 33,3% tinham o ensino primário, 21,7% tinham o ensino secundário, 11,7% tinham o ensino secundário, 3,3% tinham o ensino superior e 30% não tinham ensino formal. A formação académica dos inquiridos é apresentada na Figura 4.1 abaixo.

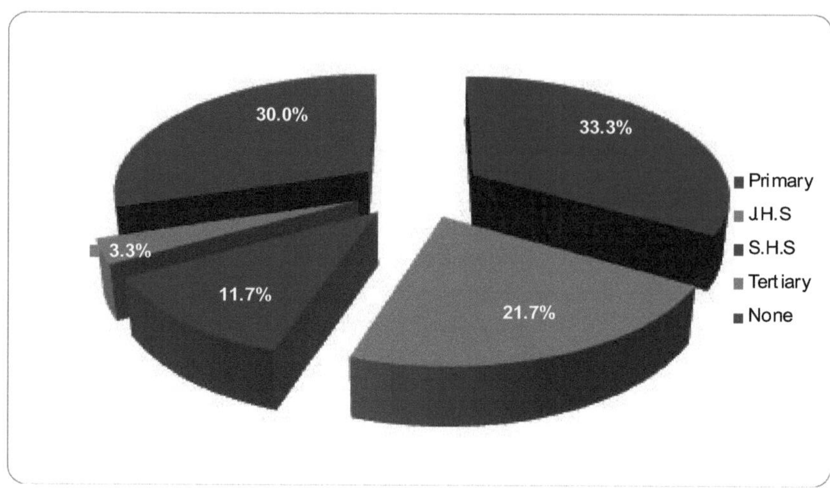

Fonte: Inquérito de campo do Grupo, 2017

4.2.5 Número de anos que os inquiridos permaneceram na comunidade

Dos 60 inquiridos, 13 inquiridos, constituindo 21,6%, permaneceram na comunidade entre 1 e 5 anos, 7 inquiridos, constituindo 11,7%, permaneceram na comunidade entre 6 e 10 anos, 15 inquiridos, representando 25%, permaneceram na comunidade entre 11 e 15 anos, 7 inquiridos, constituindo 11,7%, permaneceram na comunidade entre 16 e 20 anos e 18 inquiridos, constituindo 30%, permaneceram na comunidade por mais de 20 anos. A Tabela 4.5 mostra o número de anos que os inquiridos permaneceram na comunidade.

Tabela 4.5: Número de anos que os inquiridos permaneceram na comunidade

Duração da estadia Número de inquiridos Percentagem (%)

Menos de 5 anos 13 21,6

6 - 10 anos 7 11,7

11 - 15 anos 15 25.0

16 - 20 anos 7 11,7

Mais de 20 anos 18 30,0

Total 60 100

Fonte: Inquérito de campo do Grupo, 2017

4.3 Natureza das actividades mineiras em Cherekpong

Através dos esforços do grupo para examinar a natureza da atividade mineira na comunidade, como um dos objectivos específicos do estudo, 30 mineiros que foram selecionados para recolher informações relevantes sobre a atividade mineira na comunidade foram da opinião de que a atividade mineira empreendida na comunidade é a extração ilegal de ouro em pequena escala, também conhecida como "Galamsey". As observações do grupo mostraram também que a comunidade se dedica ao tipo de extração à superfície. O grupo prosseguiu com mais perguntas sobre o método que está a ser utilizado na exploração mineira e foi revelado que o principal método utilizado na exploração mineira é a força humana, em que ferramentas como o cinzel, o martelo, o machado de picareta e a pá são as principais ferramentas utilizadas na extração. Quanto ao modo de operação, uma vez que os mineiros da comunidade não estão equipados com informações geológicas que os ajudem a identificar facilmente as áreas com depósitos minerais, eles acabam por escavar indiscriminadamente quando suspeitam de uma determinada área. No que diz respeito à forma como os mineiros adquirem terras para as suas operações, uma entrevista com alguns mineiros revelou ao grupo que as terras para as operações mineiras eram cedidas pelos chefes e anciãos da comunidade. O gráfico 4.1 abaixo mostra o modo de operação na comunidade.

Placa 4.1 Modo de extração à superfície

Fonte Campo do Grupo, 2017

4.4 Implicações da exploração mineira no ambiente

Através do nosso esforço para descobrir a perceção dos inquiridos sobre a implicação dos efeitos da exploração mineira no ambiente, 33 inquiridos, representando 55%, que são mineiros e não mineiros, responderam SIM à pergunta de que há uma implicação dos efeitos da exploração mineira no ambiente, enquanto 27 inquiridos, representando 45%, responderam NÃO à pergunta de que não há implicação dos efeitos da exploração mineira no ambiente. O quadro 4.6 abaixo mostra as respostas dos inquiridos.

Tabela 4.6: Percepções dos inquiridos sobre a implicação dos efeitos da exploração mineira no ambiente.

Resposta	Número de inquiridos	Percentagem (%)
Sim	33	55
Não	27	45
Total	60	100

Fonte: Inquérito de campo do Grupo, 2017.

Dos 33 inquiridos que responderam SIM à pergunta de que a exploração mineira tem implicações no ambiente, uma repartição detalhada por grupo para saber o número de mineiros e não mineiros que responderam à pergunta mostrou que 11 mineiros responderam SIM e 22 não mineiros também responderam SIM, enquanto o total de 27 inquiridos que responderam NÃO mostrou que 18 inquiridos que são mineiros responderam NÃO e 9 inquiridos que são não mineiros também responderam NÃO à pergunta. O Quadro 4.7 mostra o número de mineiros e não mineiros que responderam SIM ou NÃO.

Tabela 4.7: Número de inquiridos (mineiros e não mineiros) que responderam SIM ou NÃO às implicações da exploração mineira no ambiente

Inquiridos	SIM	NÃO
Mineiros	11	18
Não mineiros	22	9
Total	33	27

Fonte: Inquérito de campo do Grupo, 2017

Para os inquiridos que responderam SIM à questão de que existe uma implicação dos efeitos da exploração mineira no ambiente, o grupo também tentou avaliar quais os componentes ou combinação de componentes do ambiente em que a exploração mineira tem efeitos. Cerca de 12 inquiridos, constituindo 36,4%, acreditam que a mineração na comunidade levou à degradação da terra, 8 inquiridos, constituindo 24,2%, acreditam que a mineração na comunidade levou à poluição do ar, 5 inquiridos, constituindo 15,1%, acreditam que a mineração levou à perda de terras agrícolas na comunidade, 3 inquiridos, representando 9.1% acreditam que a exploração mineira na comunidade levou à contaminação da água, 3 inquiridos representando 9,1% acreditam que a exploração mineira na comunidade levou tanto à degradação da terra como à poluição do ar, e 2 inquiridos constituindo 6,1% também acreditam que a exploração mineira na comunidade levou tanto à degradação da terra como à poluição da água. A Tabela 4.7 abaixo mostra a perceção dos inquiridos sobre as implicações dos efeitos da exploração mineira na comunidade.

Quadro 4.7: Percepções dos inquiridos sobre o(s) tipo(s) de efeitos ambientais

Implicações ambientais	Número de inquiridos	Percentagem (%)
Degradação dos solos	12	36,4
Poluição atmosférica	8	24,2
Perda de terras agrícolas	5	15,1
Contaminação da água	3	9.1
Terra e ar	3	9.1
Terra e água	2	6.1
Total	33	100

Fonte: Inquérito de campo do Grupo, 2017

O estudo, que tinha como um dos seus objectivos avaliar as implicações da exploração mineira no ambiente da comunidade e quais eram esses efeitos, caso existissem, os estudos revelaram que existe uma implicação dos efeitos da exploração mineira no ambiente. Quanto aos efeitos sobre o ambiente, o estudo revelou que a atividade mineira na comunidade tem efeitos sobre dois componentes principais do ambiente: o solo e o ar. Verificou-se que a atividade mineira na comunidade conduziu a uma grave degradação dos solos, seguida da poluição atmosférica. No entanto, verificou-se também que a atividade mineira na comunidade conduziu à perda de terras agrícolas e à contaminação da água, sendo esta última menos grave. No que diz respeito à degradação dos solos, através de uma observação efectuada pelo grupo, verificou-se que os locais de extração mineira se encontravam destruídos, onde a cobertura vegetal e a camada superior do solo tinham sido removidas e os poços de extração mineira também tinham sido deixados a descoberto. No que diz respeito à poluição atmosférica na comunidade, em resultado da exploração mineira, o estudo revelou que, através da ação do vento, são sopradas pequenas partículas sólidas dos locais de exploração mineira, bem como partículas de poeira que têm um impacto negativo nos residentes. Através de uma entrevista com os inquiridos e de observações feitas pelo grupo, verificou-se que a contaminação da água continua a ser menos grave na comunidade, porque os mineiros não lavam as partículas mineiras nas massas de água disponíveis na comunidade, mas sim nos locais de recolha, onde a água é transportada por camiões-cisterna das massas de água da comunidade para o local de recolha onde as partículas mineiras estão a ser lavadas. No que diz respeito ao efeito da perda de terras agrícolas, uma entrevista com os não mineiros e alguns informadores-chave revelou ao grupo que a perda de terras agrícolas na comunidade continua a ser menos grave porque os locais de extração não fazem parte das suas áreas agrícolas.

4.5 Estratégias de sobrevivência das pessoas afectadas pela exploração mineira

Através do nosso esforço para descobrir a perceção dos inquiridos sobre a forma como as pessoas negativamente afectadas pelos efeitos da exploração mineira na comunidade estão a lidar com os principais efeitos identificados, que são a degradação da terra e a poluição do ar, cerca de 26 inquiridos (86,7%) que não são mineiros revelaram ao grupo que, no que diz respeito à degradação da terra, a recuperação da terra é uma estratégia que alguns membros da comunidade adoptaram para lidar com as actividades mineiras. Alguns dos inquiridos revelaram ao grupo que alguns mineiros procedem à recuperação de terras, enquanto outros não o fazem. Para as terras que não foram recuperadas pelos mineiros, os inquiridos revelaram ao grupo que os membros da comunidade recuperaram eles próprios as terras degradadas. Cerca de 4 inquiridos, constituindo 13,3%, responderam que as terras agrícolas que foram invadidas e destruídas na comunidade pelos mineiros foram abandonadas, o que levou os agricultores a deslocarem-se por vezes para outras áreas para cultivar. No que diz respeito ao efeito da poluição atmosférica, os inquiridos disseram que não têm alternativa senão estar na comunidade, o que expôs a sua saúde a riscos, o que os levou a visitar frequentemente o hospital para fazer check-ups.

4.6 Conclusão

Os debates revelaram que a exploração mineira ilegal em pequena escala (Galamsey) na zona tradicional de Cherekpong contribuiu negativamente para o ambiente da comunidade. A extração mineira ilegal em pequena escala na comunidade teve dois efeitos principais na componente do ambiente da comunidade: a terra e o ar. No que respeita à terra, as terras mineiras da comunidade têm sido expostas a escavações indiscriminadas, ao abate de árvores e à remoção da cobertura vegetal, tornando a terra nua e expondo-a ao sol. No que respeita ao ar, as partículas sólidas e de poeira que saem dos locais de extração mineira e de construção de redes conduziram a uma grave poluição atmosférica na comunidade. No que diz respeito à forma como as pessoas afectadas na comunidade estão a lidar com a situação, verificou-se que a maioria dos agricultores da comunidade abandonou as suas terras degradadas durante vários anos para que estas recuperassem a sua fertilidade. Quanto à questão da poluição atmosférica, verificou-se que as pessoas afectadas não têm outra alternativa senão permanecer na comunidade, o que expôs a sua saúde a riscos.

CAPÍTULO CINCO

RESUMO, CONCLUSÕES E RECOMENDAÇÕES

5.1 Introdução

Este capítulo apresenta um resumo dos principais resultados do estudo, as conclusões sobre os resultados e as recomendações.

5.2 Resumo das principais conclusões

Foi entrevistado um total de 60 inquiridos. A maioria (53,3%) dos inquiridos era do sexo masculino. A maioria dos inquiridos tinha idades compreendidas entre os 15 e os 25 anos (38,3%). Os resultados revelaram que a comunidade é dominada pelos cristãos, que constituem cerca de 83,3% do total dos inquiridos. No que diz respeito à educação, a maioria (33,3%) dos inquiridos tem o ensino primário. O estudo revelou também que a comunidade é predominantemente agrícola, sendo a maioria dos inquiridos (33,3%) agricultores. No que diz respeito às actividades mineiras na comunidade, verificou-se que a maioria (70%) dos homens com idades compreendidas entre os 15 e os 25 anos estava envolvida em actividades mineiras.

A maioria dos inquiridos (30%) vive na comunidade há mais de vinte anos. Isto significa que a maior parte deles tem um bom conhecimento das questões relativas à atividade mineira e dos seus efeitos no ambiente da comunidade e, por conseguinte, estão em condições de fornecer informações úteis. No que diz respeito à natureza das actividades mineiras realizadas na comunidade, verificou-se que se tratava de uma mineração ilegal de pequena escala (Galamsey) e que as principais ferramentas utilizadas na extração eram o martelo, a picareta e a pá.

Sobre os efeitos da exploração mineira no ambiente, a maioria (55%) dos inquiridos respondeu que as actividades mineiras na comunidade têm um efeito no ambiente. Entre os impactos ambientais identificados como resultado das actividades mineiras estão a degradação dos solos e a poluição do ar. Quanto à forma como as pessoas afectadas pela exploração mineira na comunidade estão a lidar com os efeitos, a maioria (86,7%) dos inquiridos foi da opinião de que abandonaram as suas terras degradadas durante vários anos para que estas recuperassem a sua fertilidade.

5.3 Conclusão

Este estudo foi realizado para avaliar os efeitos da exploração mineira sobre o ambiente na zona tradicional de Cherekpong, na região do Alto Oeste. Os objectivos do estudo foram os seguintes Examinar a natureza das actividades mineiras na comunidade, avaliar as implicações dos efeitos da exploração mineira no ambiente e avaliar a forma como as pessoas afectadas pela exploração mineira estão a lidar com os efeitos.

Quanto ao primeiro objetivo, que tem a ver com a natureza da atividade mineira, o estudo revelou que as actividades mineiras levadas a cabo na comunidade são minas ilegais de pequena escala (Galamsey), em que ferramentas como a picareta, a pá e o martelo são os principais instrumentos utilizados na extração.

No que diz respeito ao segundo objetivo, que se relaciona com as implicações dos efeitos da exploração mineira no ambiente, o estudo revelou que a exploração mineira na comunidade conduziu à degradação dos solos, à poluição atmosférica, à perda de terras agrícolas e à contaminação da água, mas a degradação dos solos e a poluição atmosférica são as mais graves de todas.

O último objetivo era avaliar como as pessoas afectadas pela exploração mineira estão a lidar com os efeitos. O estudo revelou que as pessoas afectadas na comunidade, no que diz respeito à questão da degradação das terras, recuperam elas próprias as terras degradadas. Relativamente à questão da poluição atmosférica na comunidade, foi revelado que as vítimas do efeito não têm outra alternativa senão permanecer na comunidade. No essencial, as actividades mineiras na zona tradicional de Cherekpong afectaram negativamente o ambiente da comunidade.

5.4 Recomendações

Com base nas conclusões do estudo, são apresentadas as seguintes recomendações para a atenção e ação de todas as partes interessadas:

❖ O Ministério das Minas, a Comissão de Minerais, a Agência de Proteção Ambiental e outras instituições responsáveis pela aplicação da lei, bem como os líderes comunitários, devem monitorizar as actividades mineiras ilegais de pequena escala (Galamsey) para garantir que as terras e as massas de água não sejam destruídas na comunidade.

❖ Os mineiros devem receber diretrizes claras sobre a forma como devem conduzir as suas operações para garantir que o ambiente seja pouco ou nada afetado.

❖ O governo, as empresas mineiras e os grupos mineiros devem pôr em prática medidas que ajudem a restaurar as terras degradadas ao seu estado original após o fim das actividades mineiras, o que pode ser feito através da plantação de árvores e do enchimento de fossas nas comunidades mineiras afectadas.

❖ O governo, as empresas mineiras e os mineiros devem oferecer pacotes de compensação às pessoas afectadas pelos efeitos da exploração mineira. Por exemplo, os agricultores que perderam as suas terras agrícolas devido às actividades mineiras devem ser compensados.

❖ Para ajudar a lidar com o desafio ambiental associado às actividades de mineração ilegal em pequena escala (Galamsey) no Gana, é necessária uma abordagem integrada que reúna todas as partes interessadas relevantes para enfrentar os desafios que o sector mineiro enfrenta.

❖ Governo, a Comissão de Minerais deve adotar disposições que facilitem e permitam avaliar a aquisição de direitos mineiros.

❖ Por fim, os líderes comunitários, os pais e outras partes interessadas da comunidade devem certificar-se de que as crianças em idade escolar não estão envolvidas nas actividades mineiras. Esta recomendação é apresentada porque o estudo descobriu que a maioria dos jovens da comunidade abandonou a escola propositadamente para se envolver nas actividades mineiras.

REFERÊNCIA

Abdus-Saleque, K. (2008). Social and Environmental Impacts of Mining. *Lições australianas*

Sobre a atenuação.[online]. Disponível: www.phulbariproject.wordpress.com/2008/10/28/%E2%80%9Csocialand-environmental-impacts-of-mining-australian-lessons-on-mitigation%E2%80%9D/. DA: 20th junho de 2016.

Akabzaa, T. Dramani, A. (2001). *Impact of Mining Setor Investment in Ghana. A Study of the Tarkwa Mining Region. Um projeto de relatório preparado para o SAPRI.* [online]. Disponível: www.saprin.org/ghana/researc/gha. DA: 10 de junho de 2016.

Appiah, H. (2008). *Organização das actividades mineiras de pequena escala no Gana.* [online]. Disponível: www.saimm.artikel.php?id=170056. DA: 20th junho 2016.

Awudi, B.K. (2002). O papel do investimento direto estrangeiro (IDE) no sector mineiro do Gana
e o ambiente. *Um documento apresentado na Conferência sobre Investimento Direto Estrangeiro e*
o ambiente. [em linha]. Disponível: www.oecd.org/dataoecd/44/12/1819492.pdf. DA: 8 de fevereiro de 2017.

Boating, A. (1994). Some Emerging Concerns of Gold Mining in Ghana (Algumas Preocupações Emergentes da Exploração Mineira de Ouro no Gana). *EnvironmentalProtection,* 7, pp 68-83

Clark, A.L. & Clark. J.C. (1997). Uma avaliação das questões sociais e culturais em Bougainville
(Panguna) na Papua Nova Guiné. *Um documento apresentado no Workshop Ásia/Pacífico sobre*
Managing the Social Impacts of Mining Bandung, Indonésia, 14-15 de outubro de 1996. [online].
Disponível:www.naturalresources.org/minerals/cd/docs/regional/social_impacts_mining .pdf. DA: 8 de fevereiro de 2017.

Serviços de Estatística do Gana GSS (2010). *Censo da População e da Habitação. GSS*, Accra Gana.

Gibson, G & Klinck, J. (2005). Canadá Norte Resiliente. *O Impacto da Exploração Mineira nos Aborígenes*

Comunidades[em linha]. Disponível: www.pimatisiwin.com/uploads/330599908.pdf.

Gualnam, C. (2008). Mineração. *Impactos Sociais e Ambientais.*[online]. Disponível: www.aippfoundation.org/R&ID/Mining-So&Env%20impacts(sum).pdf. DA: 10 de junho de 2016.

Hilson, G. (2002).The environmental impact of small-scale gold mining in Ghana. Identificação de problemas e possíveis soluções. *The Geographical Journal*, 168(1):

Hilson, G. (2003). *The Socio-Economic Impacts of Artisanal and Small-Scale Mining in Developing Countries [Os Impactos Socioeconómicos da Exploração Mineira Artesanal e de Pequena Escala nos Países em Desenvolvimento]*. Países Baixos: Swets Publishers.

Kumah, A. (2008). *Sustainability and gold mining in the developing world.* Ghana: J cleaner prod. 14(3-4): 315-323.

Comissão dos Minerais (2010). *An overview of Ghana's artisanal and small-scale mining (ASM) sector.* Accra, Gana.

Mate, K. (2002). Boom no enclave dourado do Gana. [em linha]. Disponível:www.un.org/ecosocdev/geninfo/afrec/vol11no3/ghanagld.htm. DA: 1 de julho de 2016

Mate, K. (2002). Comunidades, Organizações da Sociedade Civil e a Gestão da Riqueza Mineral.
[online].Disponível:www.naturalresources.org/minerals/cd/docs/mmsd/topics/communi ties_min_wealth.pdf. DA: 1 de julho de 2016

Rhett, B. A. (2006). Impacto ambiental da mineração na floresta tropical. *Mongabay.com / A*
Place Out of Time: Tropical Rainforests and the Perils They Face.
[online]. Disponível: www.rainforests.mongabay.com/0808.htm. DA: 20 de junho de 2016.

Banco Mundial (2006). Mongólia: A Review of Environmental and Social Impacts in the

Setor mineiro. [online]. Disponível:www.siteresources.worldbank.org/INTMONGOLIA/Resources/Mongolia-Mining.pdf. DA: 20th junho 2016.

Movimento Mundial pelas Florestas Tropicais (2004). *Mineração: Impactos Sociais e Ambientais.* [online]. Disponível:www.wrm.org.uy/deforestation/mining/text.pdf. DA: 10 de junho de 2016.

APÊNDICES

APÊNDICE I

UNIVERSIDADE DE ESTUDOS PARA O DESENVOLVIMENTO

FACULDADE DE ESTUDOS DE DESENVOLVIMENTO INTEGRADO

DEPARTAMENTO DE ESTUDOS DO AMBIENTE E DOS RECURSOS

QUESTIONÁRIO PARA OS MINEIROS DA ZONA TRADICIONAL DE CHEREKPONG

Introdução

Este é um questionário elaborado por estudantes do último ano da Universidade de Estudos para o Desenvolvimento (UDS) para saber a sua opinião sobre o modo como a exploração mineira afectou o ambiente na zona tradicional de Cherekpong, no distrito de Nadowli-Kaleo, na região do Alto Oeste. Todas as respostas serão tratadas com toda a confidencialidade e serão utilizadas apenas para fins académicos. Agradecemos a vossa participação.

Instruções: Assinalar a(s) resposta(s) adequada(s) nos casos em que são dadas opções e preencher os espaços necessários, se for caso disso.

SECÇÃO A: DADOS DE BASE

1. Idade

(a) 15 - 25 (b) 26 - 35 (c) 36 - 45 (d) 46 - 55 (e) 56 - 65 (f) Acima de 65

2. Sexo (a) Masculino (b) Feminino

3. A atividade mineira é a sua atividade principal? (a) Sim (b) Não

4. Em caso negativo, qual é a sua atividade profissional principal?

....

5. **Religião** (a) Cristianismo (b) Islão (c) Religião tradicional africana (d) Se outra, especificar...

6. **Estado civil** (a) Casado (b) Solteiro (c) Divorciado (d) Viúvo

7. **Formação académica**

(a) Primário

(b) Escola Secundária Júnior / Média

(c) Escola Secundária / Secundário

(d) Terciário

(e) Nenhum

8. **Duração da estadia na comunidade** ....

SECÇÃO B: QUAL É A NATUREZA DA ACTIVIDADE MINEIRA NA COMUNIDADE

1. Qual é a natureza da extração mineira efectuada na comunidade?
   ....
   ....
2. Quem o introduziu no sector mineiro?
   ....
   ....
3. Como é que adquiriram terras para a exploração mineira?

....
....

4. Há quanto tempo está a explorar minas?
....
....

5. Tem uma licença de exploração mineira válida?
.... (a) Sim (b) Não

6. Em caso afirmativo, onde é que o obteve?
....

7. Em caso negativo, porquê?
....

8. Pagou a licença?
....

9. Qual é o principal método utilizado na extração mineira?
....

10. Que ferramentas utiliza para a atividade mineira?
....

11. Que produtos químicos utiliza na atividade mineira?
....

12. Quais são as suas funções na atividade mineira?
....

UNIVERSIDADE DE ESTUDOS PARA O DESENVOLVIMENTO

FACULDADE DE ESTUDOS DE DESENVOLVIMENTO INTEGRADO

DEPARTAMENTO DE ESTUDOS DO AMBIENTE E DOS RECURSOS

QUESTIONÁRIO PARA NÃO MINEIROS NA ZONA TRADICIONAL DE CHEREKPONG

Introdução

Este é um questionário elaborado por estudantes do último ano da Universidade de Estudos para o Desenvolvimento (UDS) para saber a sua opinião sobre o modo como a exploração mineira afectou o ambiente na zona tradicional de Cherekpong, no distrito de Nadowli-Kaleo, na região do Alto Oeste. Todas as respostas serão tratadas com toda a confidencialidade e serão utilizadas apenas para fins académicos. Agradecemos a vossa participação.

Instruções: Assinalar a(s) resposta(s) adequada(s) nos casos em que são dadas opções e preencher os espaços necessários, se for caso disso.

SECÇÃO A: DADOS DE BASE

1. Idade

(a) 15 - 25 (b) 26 - 35 (c) 36 - 45 (d) 46 - 55 (e) 56 - 65 (f) Acima de 65

2. Sexo (a) Masculino (b) Feminino

3. A atividade mineira é a sua atividade principal? (a) Sim (b) Não

4. Em caso negativo, qual é a sua atividade profissional principal?

....

5. Religião (a) Cristianismo (b) Islão (c) Religião tradicional africana (d) Se outra,

especificar..

6. Estado civil (a) Casado (b) Solteiro (c) Divorciado (d) Viúvo

7. Formação académica

(a) Primário

(b) Escola Secundária Júnior / Média

(c) Escola Secundária / Secundário

(d) Terciário

(e) Nenhum

8. Duração da estadia na comunidade ....

SECÇÃO B: IMPLICAÇÕES AMBIENTAIS DA EXPLORAÇÃO MINEIRA NA COMUNIDADE

1. A atividade mineira tem alguma implicação negativa no ambiente? (a) Sim (b) Não

2. Em caso afirmativo, selecionar uma das seguintes opções;

    (a) Contaminação da água i. grave ii. Menos grave

    (b) Degradação dos solos i. Grave ii. Menos grave

    (c) Poluição atmosférica i. grave ii. Menos grave

    (d) Perda de terras agrícolas i. grave ii. Menos grave

(e) Outros, especificar ....

3. Alguma vez perdeu um terreno agrícola para os mineiros? (a) Sim (b) Não

4. Que implicações tem na vida das pessoas da comunidade?

....

5. Foi adoptada alguma medida de atenuação para resolver as implicações? (a) Sim (b) Não

6. Em caso negativo, o que é que a comunidade está a fazer a esse respeito?

....

7. Que recomendações daria sobre os efeitos adversos da exploração mineira na sua comunidade?

....

SECÇÃO C: ESTRATÉGIAS DE SOBREVIVÊNCIA DAS PESSOAS AFECTADAS PELA EXPLORAÇÃO MINEIRA

8. Foram postas em prática algumas estratégias de sobrevivência para resolver os problemas das pessoas afectadas pela exploração mineira na comunidade? (a) Sim (b) Não

9. Em caso afirmativo, quais são as estratégias de sobrevivência?

....

10. Em caso negativo, como é que as pessoas afectadas pelos efeitos da exploração mineira estão a lidar com os efeitos na comunidade?

....
....

UNIVERSIDADE DE ESTUDOS PARA O DESENVOLVIMENTO

FACULDADE DE ESTUDOS DE DESENVOLVIMENTO INTEGRADO

DEPARTAMENTO DE ESTUDOS DO AMBIENTE E DOS RECURSOS

QUESTIONÁRIO PARA INFORMADORES-CHAVE NA ZONA TRADICIONAL DE CHEREKPONG

Introdução

Este é um questionário elaborado por estudantes do último ano da Universidade de Estudos para o Desenvolvimento (UDS) para saber a sua opinião sobre o modo como a exploração mineira afectou o ambiente na zona tradicional de Cherekpong, no distrito de Nadowli-Kaleo, na região do Alto Oeste. Todas as respostas serão tratadas com toda a confidencialidade e serão utilizadas apenas para fins académicos. Agradecemos a vossa participação.

Instruções: Assinalar a(s) resposta(s) adequada(s) nos casos em que são dadas opções e preencher os espaços necessários, se for caso disso.

1. Qual é a sua opinião geral sobre a atividade mineira na comunidade?

....

....

2. Como é que a comunidade beneficia das operações mineiras?

....

....

3. Que regulamentos existem para lidar com os efeitos negativos da atividade mineira na comunidade?

....

....

4. Qual é o seu papel nas questões relacionadas com a atividade mineira na comunidade?

....

....

5. Como descreveria a relação entre os mineiros e a comunidade local?

....

....

yes
I want morebooks!

Buy your books fast and straightforward online - at one of world's fastest growing online book stores! Environmentally sound due to Print-on-Demand technologies.

Buy your books online at
www.morebooks.shop

Compre os seus livros mais rápido e diretamente na internet, em uma das livrarias on-line com o maior crescimento no mundo! Produção que protege o meio ambiente através das tecnologias de impressão sob demanda.

Compre os seus livros on-line em
www.morebooks.shop

info@omniscriptum.com
www.omniscriptum.com

Printed by Books on Demand GmbH, Norderstedt / Germany